デザイナーのための
心理学

Psychology for Designers

Joe Leech 著
菊池 聡、水野 直 訳
UX DAYS TOKYO 監訳

● **サポートサイトについて**

本書の参照情報、訂正情報などを提供しています。

https://book.mynavi.jp/supportsite/detail/9784839983703.html

- 本書中の解説や情報は、基本的に原著刊行時（2016年）の情報に基づいています。日本語版の制作にあたって適宜訳注を補っていますが、執筆以降に変更されている可能性がありますので、ご了承ください。
- 本書日本語版の制作にあたっては正確を期するようにつとめましたが、著者、翻訳者、監訳者、出版社のいずれも、本書の内容に関してなんらかの保証をするものではなく、内容に関するいかなる運用結果についてもいっさいの責任を負いません。あらかじめご了承ください。
- 本書中に登場する会社名および商品名は、該当する各社の商標または登録商標です。
- 本書では ® マークおよび ™ マークは省略させていただいております。

この本を心理学者である母シェイラと、建築家の父マルコムへ捧げます。
二人から全てを学びました。

翻訳者まえがき

　私がデザイナーを志した時に、何より憧れたのはデザイナーが倫理を持って
プロダクトを世界に届けようとするその在り方でした。

　世にプロダクトを届ける以上、そのインパクトは計り知れません。デザイナー
のさじ加減一つで、売上や人々に与える影響は私たちの想像以上のものになり
ます。

　本書においても、イギリスの一流銀行のクレジットカード申し込みページの
デザインを、心理学の知識を利用して利益向上を図った事例が紹介されていま
す。担当したデザイナーは売上を上げなければいけないプレッシャーで、心理
学を応用していた背景がありました。

　クライアントやチームのメンバーにデザインをプレゼンする際に、心理学の
知見を応用することはとても有効です。本書では、その知見や考え方のプロセ
ス、リサーチの仕方を学ぶことができます。

　しかし、最後に求められるのは、心理学をダークパターンとして悪用せずに、
適切に使おうとする倫理的な在り方であり、クライアントや上司に売上を上げ
るためではなく、自分が何のためにデザインをするかの指針を持つことです。
（本書の中でも、Deceptive Patternsというサイトにダークパターンの事例が掲
載されています。）

　デザインには、必ずしも明確な正解があるわけではありません。しかし、心
理学の知見を活用することで、自分や他者のデザインをより確信を持って評価
することができます。

　本書はデザインに心理学を活用するための視点を与え、新たな知見を与えて
くれる一冊となるでしょう。デザイナーだけでなく、プロジェクトマネージャー
やエンジニアの皆さんにも、新たな視点が得られ、より良いデザインを生み出
すきっかけとなれば幸いです。

2023年7月

水野　直

2013年版 著者まえがき

　皆さん、こんにちは。私は@mrjoeといいます、皆さん、ジョーと呼んでください。イギリス西部のブリストルでデジタル分野の受託を行っている、フリーランスのユーザーエクスペリエンス・コンサルタントです。

　私と心理学の出会いは、心理学者である母がきっかけでした。冗談ですが、ありがたいことに母は子供を心理学の実験台にするようなことはしませんでした。けれどもある日、私は母の本棚で「How to Read a Person Like a Book（本を読むように人の心を読む方法）」ジェラルド・ニーレンバーグ，ヘンリー・カレロ（著）という本を見つけ、夢中になってしまい、これが心理学を現実世界で実際にためしてみるキッカケになったのですが、残念なことにこの試みは失敗したと言っていいでしょう。もしあなたが一杯おごってくれるなら、この失敗について喜んでお話しします。

　私は最初、イギリス南部のブライトンにあるサセックス大学（生物学と心理学の出会いの場である）で心理科学を専攻しました。大学を卒業した後、小学校で教師として数年勤めた後に、バース大学へ入学しました。ヒューマン・コミュニケーションとコンピューティングの理学修士号を取得するために、HCI（ヒューマン・コンピューター・インタラクション）を中心とした心理学と情報工学を専門的に学びました。そしてその後も研究を続けました。

　それが今から10年前のことです。以降、ホテルチェーンのマリオットや、ディズニー、ネットオークションのeBay（イーベイ）などの組織でリサーチとデザインを行ってきました。

　「グラフィックデザインとは、言葉やイメージ、メッセージを選び、形態にまとめるプロセスです。見る人へ何かを伝え、影響を及ぼします。」
　英国デザイン・カウンシルより

　デザインとは、コミュニケーションであり、デザインとは、人なのです。何かを作り出すプロセスはデザイナーの技術や経験にかかっています。本書では読者をデザイナー、中でも主にデジタルプロジェクトを扱い、同時にデザインをもっとよくするために、人間について理解しようとしているデザイナーを想定しています。私はUXデザイナーなので、いかなるときもユーザー中心設計の考えを大切にしています。

　本書はデザイナーのための実用的なガイドであり、心理学の定義が持つ意味について詳細に述べることはしません。異なるタイプの心理学的アプローチに

ついて話す際でも同じです。本書で取り上げる参考書籍に、背景に広がる広範な心理学の知識が説明されています。だから私はできる限り、物事を簡潔に説明するにとどめています。

優れたデザインとは、見た瞬間にどのように感じるかで判別されます。感情が重要なのです。本書では読むべき心理学的研究について個々に取り上げることはしません。心理学理論についてもほとんど述べません。この本が示すのは、心理学を用いてどのようにデザインの方向を見定め、実際に適用してユーザーに提示するかということです。

2016年版 著者まえがき

「でも心理学理論の一覧なんてどこにあるっていうんだ！」

というのが、この本を3年前に発行した際に向けられた厳しい批判でした。

けれども全体像の把握は、この本が目指しているところではないのです。古くからあることわざに例えると「魚を一匹与えると1日食いつなぐことができるが、魚の取り方を教えてやれば一生食いっぱぐれることはない。」

それがまさにこの本が示していることです。あなたが現実に直面しているデザインの問題解決に役立つ心理学をどのように見つけるかについてです。本書の発行以来、ウェブやアプリのデザイン、それに関連する議論を改善するために、心理学を学び、評価し、取り込む事を重視する人たちと話してきました。

初版の発行後、自分のデジタルデザインの仕事でしばしば用いる心理学の理論について別途執筆の機会がありました。この改訂版では、その執筆の内容を一部盛り込んでいます。心理学の神話を見抜くためのいくつかのヒントや、何度も何度も耳にするトップ4の神話（左脳と右脳について）も含まれています。

改訂にあたって、うれしいことに変更が必要な箇所はほとんどありませんでした。いくつかのリンク切れ、関連図書や参考文献の更新はありましたが、わずかでした。心理学はウェブ技術のように進化が激しくないのです。50年前の理論はいまでも有効であり続けています。

本書から皆さんが、日々の仕事の中で利用できる心理学をきちんと学び取り、HTMLの仕様がいくら変化しようとも変わることなく使い続けられる知識を身に付けていただければと思います。

謝辞

　すばらしい助言を与えてくれ、この本をまとめる手助けをしてくれた編集の
デイブ・エレンダー、そしてアイディアのテストに協力してくれた、デザイン
のための心理学ワークショップ参加者の皆さまに感謝いたします。

　バース大学のヒラリー・ジョンソン博士、リハード・ジョイナー博士、マーク・
ブロスナン博士は、長年に渡り多くの学びを与えてくださいました。彼らの知
見に心から敬意を示します。

　この本を書くよう勧めてくれたレイサ・ラインヒェルト、発行元シンプル・
ファイブ・ステップスで私を常に支えてくれたエマとマーク・ボルトンにも感
謝しております。

　そして最後に、本書の執筆中、日々お茶を淹れてくれ、私の集中力を保って
くれた妻のミシェル・オーウェンに感謝の気持ちを贈ります。

Contents

Appendix

心理学をどう理解するかで、あなたはもっと成長できる

HOW UNDERSTANDING PSYCHOLOGY CAN
MAKE YOU A BETTER DESIGNER

デザインのプロセスに心理学的な手法を取り入れると、ウェブサイトやアプリを作る際に直面する問題の解決に役立ちます。

　典型的なデザインプロセスは要点をまとめ、アプローチを検討、ムードボード／構成／初期デザインを作成する、その繰り返しで制作を進めるといったものです。このプロセスはデザインチームの技術や経験、専門知識に支えられています。

　リサーチは役に立つかもしれません。デザイン開始前にビジネス上の課題点を理解するためのユーザー調査やフォーカスグループ（グループインタビュー）、効果的なデザインを検証するために行われる一連の調査、そのほかデザイン前に課題を解決するためのあらゆる調査。私はいくつものプロジェクトで、経験とリサーチに基づくデザインアプローチを実際に導入しています。

　デザインプロセスに心理学理論を用いるタイミングはあらゆる箇所にあります。しかし最善のタイミングはいつなのでしょうか？　どのような問題が解決できるのでしょうか？　はたして心理学でプロダクトデザインの方向を定めるのは可能なのでしょうか？

デザインと心理学が出会う場所

　グラフィックデザイナーとして教育を受けた人ならば、すでにデザイン理論は学んでいるでしょう。「ゲシュタルト心理学*」や「色彩理論**」、「記号学***」などは大抵のデザインコースで教えられています。こういったデザインの基礎理論は形状や色、意味を操作するデザイン時に有用です。

　デザイナーとして働いているうちに、教育で得た知識は習性に変わってゆきます。色の選択は感覚で成され、形状は理論を参考にするまでもなく、直感的なフリーハンドで描かれるようになります。デザインの際に心理学を用いることも、クリエイティブなデザインの視点からすると堅苦しく感じられることでしょう。デザインを科学的に捉えるなんて、不自然に思えてきます。

　例えば、デザインに心理学を取り入れるよう依頼されたとします。私の場合、「ゲーミフィケーション」の導入をよく依頼されます。ゲーミフィケーションは人間の脳の「報酬依存の仕組み」に基づいています。ユーザーは何らかの行為を行うと、報酬を受けるよう繰り返し洗脳を受け、その行為に依存する傾向が強められていきます。私は自動車保険から子供向けのウェブサイトに至るまで、ありとあらゆるデザイン案件でクライアントから求められました。ゲーミフィケーションがどの場合でもふさわしいとは思えません。人気だからと言って心理学を無理やりデザイ

---

* 　ゲシュタルト心理学
　　ドイツのマックス・ヴェルトハイマーを中心にして起こった心理学の学派のひとつで、部分や要素の集合ではなく、全体性や構造に重点を置いて捉えます。
** 　色彩理論
　　色の混色と特定の色の組み合わせでの視覚効果に関する指針。
*** 記号学（きごうがく、英：semiology）
　　言語を始めとして、何らかの事象を別の事象で代替して表現する手段について研究する学問です。記号論（きごうろん、英：semiotics）ともいいます。

ンに導入しても、必ずしも上手くいくわけではないのです。そして後からデザインに理論を持ち込んでも、そのデザインがよくなるわけではありません。

こうでなくてはいけないということはありません。心理学は、具体的なデザインの問題解決に役立てるべきものです。ここでは、その使い方の例をいくつか紹介します。

・メニューに入れる選択肢の数を決める
・購入手順の数とその定義
・商品選択を容易にするための表示数
・会員登録ページのフォーム内容
・会員登録へ導くための文言

デザイナーはどのような場合に心理学を用いるべきか覚えておく必要があります。デザインする中で頻出する問題に直面した時に理論を探求するべきです。新しい理論を見つけたからといって、それを既存のデザインに適用することは、ほとんど不可能です。

心理学が有効な解決を導き出せる問題とは、適合か不適合の、ごく単純な問題の場合がほとんどです。例えば顧客が競合製品に移行して離れてしまうような広範囲な問題の場合、大抵は複数の要因が関係しているため、心理学を用いて改善するのは困難です。

なにがあっても適切に

　ここ何年か、心理学を使って興味を持っていない相手に対して影響を与えたり、何かを促したり、強要したり、時には騙したりするために心理学を利用する傾向がありました。

　私のキャリアのスタートは、イギリスの大手銀行でクレジットカード申込みのプロセスを再設計するプロジェクトでした。当時、金利は低く、銀行は申し込みの際に、病気や介護に備える保険を付帯させて利益を上げていました。このような商品を売らなければならないというプレッシャーが、デザイナーである私にも強迫観念となり、保険付帯による搾取が成り立つよう心埋学を利用していました。私は人々を罠にかけているような気持ちがして、不安に苛まれました。やがてイギリス政府は当時行われていた手法を非合法とし、何百万ポンドというお金が自分の意に反して契約を結んだ人々へ払い戻されました。

　そこで学んだ教訓とは、善悪の境界線を知る重要性です。自分自身が妥協した気持ちになるような方法でデザインを利用する可能性のあるプロジェクトに取り組まないことです。そこで、私は一つルールを決めました。人々の生活を「良くする」ためにデザインするというものです。もちろん、この「良くする」という定義が何かという疑問はついて回ります。けれどもその疑問こそ、私（やみなさん）が深く考えるべきことなのです。

✏ Column　ビッグサイコロジー

　商品・サービス・アプローチにおけるデザインの方向性を決定づける心理学もいくつかあります。

　2010年にイギリス政府は行動洞察チームを結成し、心理学と行動経済学を政府の政策決定に活用し始めました。（行動経済学は個人のお金の使い方の背後にある心理学を説明します。）このチームは、不正、誤り、負債に関する論文を発表し、1億6,000万ポンドの節約が可能であると提案しました。心理学の応用と研究のケーススタディとして、一読の価値があります。心理学の大きな理論と小さなデザインの洞察を応用した事例が紹介されています*。

　進化心理学もまた、ビッグサイコロジーのよい参考事例となります。これは私たちが生存・生殖の欲求に基づいてどのように行動するかに関する考えです。色の持つ効果、性交渉が売れる理由についての理解と説明に役立ちます。この理論はおおむね行動経済学よりも人間の根底にある本能に近く、洗練さには欠ける傾向があります。

　ビッグサイコロジーは実際のデザインに適用することは難しいものの、デザインの方向性やアプローチを決定付けることができます。スタンフォード大学の説得技術研究所（the Persuasive Technology Lab）のチームは、デザインに役立つ心理学の理論と応用の両方を見つけるための行動ウィザード**と呼ばれる優れたツールを作成しました。ビッグサイコロジーをプロジェクトに導入する際にとても有用なツールです。

---

*　この事例では納税催促状の文面を変えることで滞納率を下げる等の効果が見られました。

**　Behaviour Wizard(https://www.behaviorwizard.org/wp/)

　だからこそみなさんには時間を作ってデニス・カーディスによる「倫理とウェブデザインの関係性」についての文章を読んでもらい、あなた自身の倫理的境界線をどこに線引きするのか決めるようお勧めします。カーディスは「中立的なデザインなど無い」と主張します。この本の2013年版著者まえがきに掲載したデザイン・カウンシル（英）＊の引用には、デザインの影響について述べられています。私たちはデザインを通して、見る人に強い印象を残します。それはつまり見る人に影響を与えるということです。デザイナーは個々が与える影響力の大きさとその向かっている先をよく考えて、適切な判断をしなくてはならないのです。

＊ デザイン・カウンシル - Design Council
　英国デザイン省、1944年12月にウィンストン・チャーチル卿が英国の戦後の経済復興のために設立しました。英国の工業商品におけるデザイン発展を促すことを目的にされています。

心理学の2つの理論

THE DIFFERENT TYPES OF PSYCHOLOGY

「心理学とは行動と経験についての科学的研究です」
『心理学：心と行動の科学*』リチャード・グロス（著）より

　どのような分野においても研究の応用に関するアプローチは多様に存在し、心理学においても同様です。

　私の心理学に対する姿勢を理解していただくために、経歴に少し触れておきます。私の母は美術を学び、長らく教師をしていました。私が15歳の時、母は転職を考えてオープンユニバーシティ（英国公立の通信教育大学）の社会心理学課程で学び始めました。社会心理学は社会に暮らしている以上、周囲の人々や経験が私たちの行動を左右するというものです。社会心理学の初期の研究者にはB.F.スキナーやカール・ユングがいます。社会心理学は幼少期の発達に重きを置いています。私の母はのちに心理学者として教育の場に従事し、長年にわたって学習障害を持つ子供たちを支えました。

　私の経歴も似たようなものです。まず16歳よりコンピューターサイエンスと人類生物学を学びました。人類生物学、特に脳について非常に面白く感じ、その後大学で神経科学を研究することになります。そして10代の少年らしくしっかり両親に反抗しました。とはいえ私の場合、飲酒や夜更かしではなく（両親は昔ながらのヒッピーだったのでそんなことをしても全く気に介しませんでした）、母と心理学について激しく議論するといった行為でした。

　神経科学のベースは生物学と認知心理学です。認知心理学はAがあるからBがあるというような心のプロセスを取り扱います。生物学は他の

* 原著：Richard Gross , 2020 , Psychology: The Science of Mind and Behaviour 8th Edition , Hodder Education

化学同様、白か黒でものごとを判定します。例えば、遺伝子 X が Y という結果をもたらすといったものです。この 2 つの組み合わせで成り立つ神経科学は心理学を科学的アプローチで捉えます。

　もともとリーチ家には議論を好む気質がありました。私が「行動は遺伝子に大きく左右される」と述べると、母は「社会が行動を形作るのよ」と反論しました。私たちはそれぞれ異なる立場から、自らの意見を編み出していました。母は「人間は複雑で、多様性に富んだ社会に住んでいるのよ」と言い、私は「社会心理学は観察に基づいて研究しているため、真の意味で証明することができない」と言い返します。それはまるでエンジン（脳）を無視してなぜ車（心）が走るのか理解しようとしているものだと言うのです。

　１万年前のアフリカの半原で、行動がいかに定義づけられたかについて述べた、母の進化心理学に関する記事があります。私たちが流水音を好ましく感じる理由は、進化の過程で人が生き延びるにはその音を望むほうが有利だったからです。けれども母は、私たちが水辺で暮らすようになったのは、社会がそうさせたのだと反論するでしょう。そして彼女はピアジェの思考発達段階における言語について、持論を語るでしょう。それはいかに言語が社会的状況に影響されて、意味や思考を成していくか、についてです。一方で私は、文法や音声の体系が人類の言語全体で共有されていることを示し、文法は脳のある領域に基づき規定されているとする研究について話すでしょう。

　フロイトの言説を武器にしたことがあります。「フロイトはネクタイが男性器の象徴であるから、男性だけが着用すると信じていたんだよ。」と私が述べると、

「まぁ、認知心理学も同じよ。行動の動機づけに性的報酬が強く影響しているから。」と母が返答します*。

「男性がそんなに分析能力にたけているなら、なぜお父さんが道に迷ったときいつも私が地図を見る羽目になるのかしら？」母は性別の違いについてこう反論するでしょう。「あなたの女友達でプログラマーのクレアはどうなの？」女性は言語に関しては右脳優勢の分析型ではなく、論理的な左脳が優勢だと言われています。そして認知心理学は個人差を考慮しません。「社会心理学は人間が複雑だと認識しているのに、認知心理学は人間を矢印のついた箱ぐらいにしか思っていないのよ。」

「だけどさ、認知心理学は少なくとも心理学を数値で証明しようとしているよ。」と私は言い返します。「社会心理学はただ人間は複雑だと言っているだけで証明していないじゃないか。」

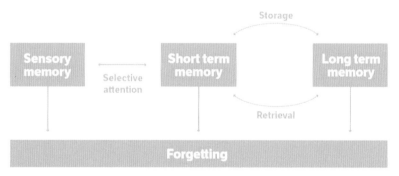

直線や矢印の付いた箱に関する認知心理学の例は、アトキンソンとシフリンが提唱した記憶モデル（1968年）に基づきます。

私が火星出身なら、母は間違いなく金星出身です。全く相いれません。私たちはこういった議論を何時間でも続けます。両者それぞれが自分の立場にはまっており、自分の心理学が真理だと信じているのです。

---

* 認知心理学の観点では性は生まれ持った本能的なものであり、社会心理学の観点では性は後天的に得た社会的なものであるため、その違いを言い争っています。

社会心理学と認知心理学　どちらがいいのか

　もちろん現実にはどちらも正しく間違ってもいないのです。社会心理学は、コミュニケーションや共有、強調、文化、社会的プレッシャー、規範や期待、つまり社会的コンテキストにおける人間研究で非常に有効です。

　認知心理学は与えられた条件下で、個人がどのように行動するのか明確にする際に役立ちます。どのように簡単な選択肢をとるか、どのように愛し、望み、夢中になったり、見たり、臭いをかいだり、耳を澄まし、触れ、認識をして記憶するのか。目で見たデザインからどのように世界を解釈し、理解するのか。認知心理学の利点は人が特定の条件の下で何をするかを予測できることです。

心理学の分類

　心理学には二つの主要な理論があり以下のように要約できます。

　「**認知心理学**」は、認識プロセスの科学です。人がどのように情報を取り入れ、処理し、保管するかです。これは人工知能や神経科学といった認知科学にも関連しています。

　　メリット：「認知心理学」は主に生物学的な実験に基づいており、研究結果の再現が可能。
　デメリット：「認知心理学」は非常に限定された条件に基づいて説明されることが多く、人間を社会的コンテキストと関連付けて考慮できない場合がある。認知心理学はコンピューターサイエンスに影響を受け、初

期のコンピューターが一つのことしか処理できな
かったことを反映して、直線的にひとつずつ心理
プロセスを説明する形になっている。実際、脳は
常時並行して幾千のプロセスが処理されており、直
線的には機能していない。

　「**社会心理学**」は、人が社会的コンテキストの中でどのように生存して
いるかを注視しています。考えや感情、ふるまいが周囲のどのようなも
のから影響を受けるのかといったことです。これは今ではあまり主流で
ない行動主義に基づいており、行動というものは周囲の行動との相互作
用から習得されること（理論上は条件付けが説明されます）を主張して
います。「社会心理学」はまた、社会学の分野にも影響を与えています。

　　メリット：「社会心理学」は社会的コンテキストの中で人がど
　　　　　　　のように行動するかを説明する。
　　デメリット：「社会心理学」はある条件下で何が起こるかを予測
　　　　　　　できるものではなく、広範囲の状況において有効
　　　　　　　であるため、特定の問題に対する解が得られない
　　　　　　　場合がある。

■ その他理論的アプローチ

行動経済学：書籍『ヤバい経済学*』などで有名になりましたが、
行動に影響をあたえる経済（経済と言うよりお金）
についての学問です。これは経済を心理学的理論
で実証しようとする試みです。大規模な倫理的心
理学の中でも応用しやすいものの多くは、この経
済心理学から出てきています。前章のビッグサイ
コロジーのコラムをご参照ください。

行 動 主 義：生物学的な発達が、行動を形作るという考え方で
す。B.F.スキナーの研究が基礎になっています。

精神力学/精神力動：個人の潜在的な心のプロセス、つまり無
意識の思考や記憶、衝動が行動を形作る方法を考
察します。精神や感情面での苦痛を分析する、精
神疾患の心理療法などで広く用いられ、フロイト
の研究が基礎になっています。

進化心理学：人間の社会的な行動を生存や繁殖成功への貢献の
観点から理解する学問です。この学問は大きな理
論の源となる情報を提供する、証明が非常に難し
く、哲学に近いとも言えます。（この見解は神経
科学の教授たちには内緒にしておいてくださいね）

---

* 原著：Stephen J Dubner,Stephen D Levitt , 2006 , Freakonomics Rev
Ed: A Rogue Economist Explores the Hidden Side of Everything ,
William Morrow
日本語訳：『ヤバい経済学―悪ガキ教授が世の裏側を探検する』, スティーヴン・
レヴィット, スティーヴン・ダブナー（著）, 望月衛（翻訳）, 東洋経済新報社

発達心理学：成長の過程で起こる心理変化を注視します。幼児
や子供の発達に重きを置いていましたが、現在は
生涯を通じたすべての段階を対象に研究がなされ
ています。

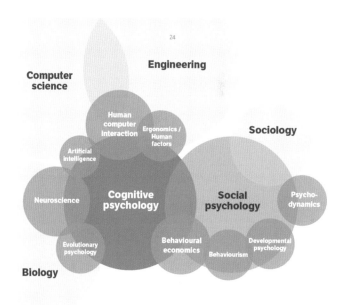

心理学理論の相関図（著者による図　―単純化しています。心理学者にしてみ
れば、これらの位置関係、規模、関連性について一晩議論しても語り尽くせな
いことでしょう。）

求めるもの：デザインを導き出す理論

私がいつも認知心理学に立ち返るのは、ある程度の確率で行動を予測する指標になるからです。つまりある状況下で人がどう対応、または反応するか、起こり得る結果を導き出すことができるのです。

デザイナーとして私たちは、自らのデザインがどのような行動を引き起こすのか予測したいものです。こんな風にデザインすれば、あのようになると分かること。そのような指標を与えてくれる理論こそ、一番役に立つ理論ではないでしょうか？

けれども科学と同様に、心理学は記述的な説明でしかないのです。起こることを述べることはできますが、理由がなぜかを説明できるわけではありません。

私のかつての教授は記述的な研究の間違いを次のように例えました。「夏は海での溺死者が増え、アイスクリームの売り上げが4倍になる。ゆえにアイスクリームが溺死を引き起こすのだ。」と。

この因果関係の欠点は明らかでしょう。記述的研究は「なぜ」という問いに答えを出せないことがあるのです。変数間の関連性は示せても、因果関係やなぜそれが起こったのか説明することはまず不可能です。そしてまた理論を実用化するのも困難です。

要するに、記述的理論や研究は全体的なビジョンやデザインの方向性を設定する際には役に立つかもしれませんが、特定の問題に対処することはできません。

ビッグサイコロジーの段落でも述べた、最近流行りの行動経済学の多くは、デザインプロジェクトの方向性を定めるのに用いることができますが、そのデザインの具体的な模範例を提示することはまず難しいでしょう。具体的な研究を見つけることは簡単ではありません。記述的な研

究の数に比べて、具体的な指針を示す研究は非常に少ないのです。

　次の章では心理学理論をどのように探し、見極め、それをデザインの問題解決にどのように適用するかを探っていきます。

心理学論文の検索と利用

FINDING AND USING
PSYCHOLOGICAL THEORIES

デザインの問題を解決するための理論は滅多に見つかりません。研究論文は実践的なデザインの方向性を示していることがよくありますが、それらの中から適切なものを見つけるのは、まさに「干し草の山から針を探すような」大変な行為です。本章では実際にあるデザインの問題解決に適した研究論文を探し出す旅に出たいと思います。

心理学研究論文の調査前提

　デザインに心理学を取り入れる動機として一般的なのは、特定の質問に答えることです。

　実際の例を挙げてみます。
　Eコマースサイトのナビゲーションメニューをデザインする際に、出口のない迷路に入り込んでしまいました。メニュー項目をいくつ並べるのか決めなくてはならないのです。
　チームメンバーの何人かは、可能な限り多くの商品を表示するべきだと主張します。多く見せればそれだけ多く売れるはずだと言うのです。しかしその意見はなぜか腑に落ちませんでした。数は少ないほうが売れる気がします。
　ではどのようにすれば、メニューの選択肢が少ないほうがより良いデザインだと説得できるでしょうか?

研究の調べ方

　もちろん最初はGoogleで検索することから始めます。でもどのようなキーワードで検索すればいいのでしょう？

　どのようなネット検索でも求めている検索結果を得るには、適切なキーワードが必要になります。学者は論文では一般的な言葉ではなく、専門用語を使います。例えば「思考」は「認知的負荷」という用語になります。学者たちは嘲笑するでしょうが、Wikipediaは専門用語を見つけるのに実用的です。スタック・エクスチェンジ＊（Stack Exchange）、クオラ＊＊（Quora）などのQ&Aサイトも同様に研究論文の手掛かりを掴むのに適しています。

　今回の例ではまずGoogleで、メニューに表示する項目数であるキーワードを「選択肢の数」として検索し、スタック・エクスチェンジ上のスレッドに行きあたりました。

　スレッド上では心理学にありがちな都市伝説と、認知心理学者ジョージ・ミラーの提唱したマジックナンバー7±2への誤解に基づくデザインについて議論されていました。ミラーは短期記憶と呼ばれる人間の記憶領域について調査しています。短期記憶は我々が複数の選択肢から一つを選ぶ際に使用する記憶のことです。

　この研究はしばしば誤解に基づき引用されています。よく見られるのは、人は7個前後しか短期記憶できないとミラーが発見した、という大きな間違いです。実際は1956年、ミラー自身が値を7とすることについて疑問を呈しているのですが、いまだに通説として7±2がまかり通っています。

＊　https://stackexchange.com/
＊＊ https://jp.quora.com/join?code=0&join_source=1&ref

というわけで、残念ながらこのスレッドは信頼に値しないことが分かりました。もっと深く調べる必要があります。はたして学術研究の中からナビゲーション項目数の最適解を見つけることはできるのでしょうか。

学術研究論文の見つけ方

ではGoogle検索から1度離れて、学術論文を見つけるのに最適なGoogleスカラー＊（Google Scholar）を試してみましょう。Googleスカラーは学術雑誌、書籍、論文やその他の文献を検索することができます。Google検索のエンジンがふさわしい論文を素早く見つけてくれるのです。

この時点で私たちはすでに出発点となるジョージ・ミラーの研究を知っています。これを踏まえて新たに「メニューデザインの最適解」と検索してみましょう。そこで見つかったのは「メニューデザインの階層における最適解：構文と意味論」というタイトルの論文です。

要旨を見る限り、今回の問題にはそぐわない内容でした。しかし検索結果を読み進めて見ると、この論文を引用している他の記事のリンクが目に入りました。それは「認知心理学と人間科学からみたよりよいメニュー体系のデザイン」というものです。興味深いタイトルです。

論文を読む際に重要なのは、参照している研究を読み解くことです。引用からは、その研究への批判や最新の進展についての手がかりが得られます。また、引用をたどることで、より新しいまたは関連性の高い研究に辿り着くことができます。引用をたどるには二つの方法があり、Googleスカラーの検索結果の下にある引用一覧を参照する、もしくは専門家向けの検索エンジンCiteseer＊＊を利用するのもいいでしょう。

＊　　https://scholar.google.co.jp/
＊＊　http://liinwww.ira.uka.de/bibliography/Misc/CiteSeer/

　こうして見つけた新しい論文の要旨に目を通してみたところ、内容も興味深いものでした。「認知心理学と人間工学はいずれも、理論と実証研究の両面における意見の相違を解決し、デザイン原則を確立するのに役立ってきた。」とあります。しかし、もどかしいことに詳細を知るためにこの先を読み進めるには、有料の壁があったのです。調査する上でこのようなイライラする状況はよく起こります。

論文を見つけ出す

　論文のPDFファイルを探すには検索にテクニックが必要です。論文のタイトルに拡張子で「.pdf」を加えて検索するだけで見つかることもあります。それで駄目だった場合は、思い切って著者にメールしてみましょう。

　著者名の一覧順は誰に連絡を取ればいいかを判断するヒントになります。最初に名前が挙がっている人は仕事の大半を担った人です。最後は最もキャリアがあり、研究の指揮を執ってはいるものの、多忙を極めている人です。そのため、最初と中盤に名前がある人に連絡をとるのが最適でしょう。

　なぜその論文が必要なのか伝えてみてください。多くの場合、研究者はあなたがそれを何に使おうとしているのか強く興味を持ち、あなたの目的にあった他の研究を教えてくれることがあります。

　今回は幸運なことに、私たちの探していた論文が大学のウェブサイトに掲載されていました。見つかったら次はその内容を読んでみましょう。

　学術論文とは多かれ少なかれ読みづらいものです。昔ある教授が論文を読むのに有効な方法を教えてくれました。最初から最後まで目を通すと思ったでしょ？　いいえ、違うんです。

論文というのは一般に二つの形式があります。主題に合った研究から得た結果を複数並べて論評する評価論文と、著者が研究に取り組んだ研究論文です。

　論文の要旨から簡単な概要が理解できれば、全体の読解に時間を割く価値があるかどうか判断できます。次に、結果の要約が読み取れる部分である結論を見てみます。そして研究の結論を導き出した考察を読みます。ここでは書き手の結論が論理的なデータに基づいているか判断することができます。

　もしアプローチに疑問を感じたとして、それが研究論文だった場合は実験の手法を確認する必要があります。一方、評価論文だった場合は元となった研究論文、すなわち情報源を参照する必要があります。

　論文が信頼に値するかを見分けるには、その実験手法か考察のいずれかで判断がつきます。サンプル数は十分か？非論理的な結論ではないか？等のように、実験内容をきちんと確認すれば判断できます。

　最後に著者が引用あるいは参照した研究を検証する必要があります。論文を書く前提となる初期の研究に立ち返ることで、手がかりを得られることがよくあります。初期の研究とは基本的で、より明白な結論を示していることが多いです。ジョージ・ミラーの例のように、多くの学者がこの初期の研究への確認を怠り、正確でない引用を通じて自身の研究の基盤としている事実に気付くかもしれません。

学術論文の基本構造

- 要旨（Abstract）：研究と結果の要約
- 導入（Introduction）：先行研究の再考と新しい研究の位置付け
- 手法（Method）：実験と被験者の詳細
- 結果（Results）：典型的な実験の生データと分析へのアプローチ
- 考察（Discussion）：実験データの分析、どのように結論が導き出されたのか
- 結論（Conclusion）：結論の詳細な概要、研究の不足点、これからの研究に対する助言
- 参考文献（References）：論文内で引用した先行研究

　論文を読んでみたところ、著者ケント・L・ノーマンはメニュー体系のデザインを語る上で有用な考察を成していることがわかります。彼はいくつかのトピックを取り上げています。項目のクラスタリング、体系化、メニュー内の各項目の命名に関する有益な心理学の研究の詳細などです。これは後日利用するためにブックマークしておきましょう。

　私は有益な論文を見つけたらピンボード（Pinboard*）というブックマークサービスに保存し、再度探しやすいようにタグをつけています。このノーマンの論文はきっと後で見返すはずです。

　ケント・ノーマンの論文は有用であり、また応用可能な論文の構成を掴むためにも一読に値します。

　例えば「深さと幅」についての段落でノーマンは、ジョージ・ミラーのマジックナンバー7 ± 2の研究に対する誤解について考察しています。彼はまた1952年と1953年に成された、ヒックとハイマンによる研究を引用してヒック・ハイマンの法則に言及しています。

　この法則に関してはさらなる調査を行っておいたほうがいいでしょう。Googleでヒックとハイマンの記事を検索してみます。追加でGoogleス

* https://pinboard.in/?lang=jp

カラーを用いて元の論文を探すこともできます。あるいはGoogle検索で、誰かが過去に分析した研究内容を発見できるかもしれません。

　私は時間と労力を節約するため、大抵は最初にGoogleで要旨を検索し、間違いがありそうだと感じた際はGoogleスカラーで元の論文を確認することにしています。

　WikipediaにヒックＨ・ハイマンの法則の簡潔な概略がまとめられています。（ヒックの法則として参照される、ともよくあります。）Wikipediaはおおまかな全体像を把握するのに優れています。しかし、内容の真偽についての批判はおろそかになりがちで、具体的な詳細については軽く触れられる程度の場合がほとんどです。情報の正当性を確認するために元の論文を探すか、同じような研究がないかをその都度、調べるべきです。ヒックの法則はWikipediaでは「人が与えられた選択肢から決断を下すのにかかる時間」と定義付けられています。これは私たちにとって価値ある情報になりそうです。つまりメニューの選択肢が多ければ多いほど、ユーザーが選択にかける時間が長くなるということです。残念ながらヒックの法則だけでは、選択肢の望ましい数について知ることはできませんが、多くを提示するべきではないということがわかりました。

✏ Column　優れた論文を見つける

　国際計算機学会（Association of Computer Machinery, ACM*）
は、人間とコンピューターの相互関係（Human Computer
Intaraction, HCI）に関する学術雑誌や論文の大部分を公開してい
ます。この学会のデジタルライブラリーは研究調査にぴったりのデ
ータベースです。サイトの使い勝手がお世辞にも良いとは言い切れ
ないのは残念ですが、そこには優れた情報が潜んでいます。試しに
「ウェブサイトの色彩」でサイト内検索をしてみてください。

---

* 訳注：https://dl.acm.org/

私たちは既に発見済みの理論があるので、それが取り上げられた事例があるかを調べてみましょう。Googleで軽く検索すると「ヒックの法則」の事例が一気に見つかります。

　その中に「選択肢がモチベーションを下げる：たった一つの欲がどれほど損失を生むか」と題されたヒックの法則を考察する論文を見つけました。それはアイアンガーとレッパーの2名によるもので、ジャムを購入する際の人々の行動を実験したものでした。（アメリカ人にとってジャムといえばジェロ＊ですよね！）

　「これらの実験は、実際の現場と研究室の両方で行われ、24や30といった多くの選択肢を提示された場合よりも、限られた6つの選択肢を提供された場合の方が、人は高級なジャムやチョコレートを頻繁に購入し、または必須ではない課題にあえて取り組もうとする傾向が見られました。」

　これは、最初に選択肢の数を決めるのに役立ちます。前述の通り誤解を招いた数値ではありますが、ジョージ・ミラーのマジックナンバーの範疇にある値です。この研究では、6つの選択肢を試してみようという具体的な指針が示されている点では、優れたものです。一方、記述的研究では、選択肢が少ない方が人はより良い選択をする傾向があるというような結論が示されるかもしれません。

　この論文は実験を批判的に評価し、その実験結果が果たして取り上げるに値するかを判断するのにぴったりです。注意すべき点は、この実験は大学生がジャムを購入する際の選択に基づいているということです。

　Googleスカラーによるとこの論文には1,300の引用が含まれていることが分かりました。これもまた良い検証材料になります。一般的に引用は肯定的に用いられている場合が多いです。新しい研究がないか、あるいは反証する別の論文が存在しないか、引用元を調べてみるといいでしょう。

＊ Jell-O ジェロはアメリカの定番商品

さて先ほどの論文に戻りじっくり読み進めながら長所と短所を検証してみましょう。

　この論文の著者は同じような実験を試験問題の中で繰り返し行いました。これは異なるコンテキストを通して結果を導き出したことを示しており、よい兆候です。試験の中で限られた選択肢つまり6個の選択肢がある問題を出したところ、30個の選択肢で出した問題よりも平均点が高くなりました。

　私たちは6という数字を得ました。これがメニューデザインに適しているかどうかの完全な確信は得ていませんが、ひとまずよしとしましょう。なぜなら規定的な研究ではそのコンテキストが自分たちのケースと異なるのはよくあることだからです。新しいデザインを採用する際、私たちはこの点に注意する必要があります。

　次章では心理学のデザインへの導入に焦点を絞ります。

論文を読む

　先ほど紹介した「選択肢がモチベーションを下げる：たった一つの欲がどれほど損失を生むか」の論文の著者は、たくさん陳列されている商品に対して多くの人が魅了されたと述べています。これはどういうことなのでしょうか？

　研究に協力した人、つまりサンプル数は249名です。実験結果の有意性を証明するのはそのサンプル数ではなく、統計的分析に基づいてこの実験がデタラメではないと示す確率です。

　確率は通常 0 ～ 1 の間の値で表現され、論文には P>0.001やP<0.05といった形で記載されます。値が0.05より小さい場合は有意＊とみなせます。

　例えば参加者が200名いたとしてその中のわずか20名に結果が認められたとしても、P値が0.01以下と示されているならば、この実験は有意であると自信を持って述べることができます。

＊有意
偶然ではなく意味がある

心理学書のタイプと読むべき本

THE TYPES OF PSYCHOLOGY BOOKS AND
MUST READS

この本に心理学の知識を全て詰め込むことはできません。しかし、読むべき本を知ることで基礎知識を習得し、デザイン上のよくある問題に取り組むための心理学を見定めることができます。

心理学の本のタイプ

心理学の本は、3つのタイプに分けられます。

- 1. 心理学の教科書
- 2. 特定のテーマを取り上げた一般向けの心理学書
- 3. 実用的な理論と応用を扱うデザイナー向けの実用書

　教科書からはベースとなる基本的な理論を知ることができます。応用には弱いですが、全般的な理解を得るのには向いています。逆に人気の心理学書は広範囲に渡る心理学で、包括的で応用しやすい知識に重点を置いています。そのためデザインの方向性を定めるヒントを得やすいです。

　デザイナー向けの実用書は便利です。様々な理論とその応用を一気に学ぶことができます。私はこのような本を参考情報として利用することが多く、ざっと目を通し手近な問題を解決する情報だけを覚えます。しかし、実際にデザインについて考える時には、そのままでは使いにくい情報だと気付くことがよくあります。

私のサイト Psychology for Designers* では、デザイナー向けの最適な心理学書のおすすめリストを掲載し、随時更新しています。そこにはこの本の初版読者から寄せられた、皆さんが実際に使っている推薦書も加えてあります。

心理学の教科書

　認知心理学の教科書からも実用的な基礎知識を得られるでしょう。認知心理学は具体的な対象領域に絞って書かれている場合が多いです。

知覚と注意：視覚・聴覚・パターン認識・読解について。知覚処理の基本情報で、特に際立った内容に注目し、その他の細かい内容は除いている。

言　　語：認知心理学は、個人に焦点を当てているため、言葉を使ったコミュニケーションの解釈には不向き。

思考と推論：思考・意思決定・感情・報酬・依存について。

記　　憶：記憶が保存され、呼び出される仕組み、またなぜ忘れるのかについて。

臨床心理学：鬱・統合失調症・その他の精神疾患など、心に問題を抱えた状態について。これらの症状は普段の些細な振舞いが極端になって現れるという観点において注目に値する。

　初級レベルの心理学の教科書（もしくは大学の初級コース）は高度なものよりもずっと役立ちます。理由は単純で、理論の応用がしやすいからです。現実世界のどのような場面で特定の心理学理論が起こりうるか

---

* http://psychologyfordesigners.com/the-psychology-books-every-designer-and-uxer-should-read/　2016年時点

という例が多く、それらをいかに応用するかという観点で説明がなされています。リチャード・グロスの書籍『心理学：心と行動の科学*』は中でも特に有名です。研究者でなくても手軽に楽しめるようにわかりやすい事例や画像、形式張らない文体が用いられ、心理学の教科書の中でもより読みやすい本になっています。

　入門書の次は、専門書です。この手の本は形式的な文章で書かれており、難解な学術用語が用いられることが多く、文章が緻密で読みづらいです。そのため私は、一字一句を追わずおおまかに拾い読みします。上級者向けのこれらの文書は深く追求した専門書か、論文集の2種類に分けられます。後者の異なる著者による論文や記事がまとめられたタイプは最も読みづらいものです。共通の主題に沿っているかもしれませんが、論文集には統一された書き方やテーマがあるわけではないため、困ったことに大抵の場合は読み通すのに苦労します。

　『認知心理学とその意義**』は専門書の中でも最も役に立つ一冊です。便利で、その名の通り理論の意味を実践的な言葉で説明しているため、分かりやすいです。

　難解な内容を含む文章も努力して読む価値があります。そのよい例がマイケル・W・アイゼンクとマーク・T・キーンによる書籍『アイゼンク教授の心理学ハンドブック***』です。この本は難解で、この分野の概要を完膚無きまでに網羅しています。この他にも世の中には心理学に関するありとあらゆる種類、分野の参考書が存在します。

---

* 　原著：Richard Gross , 2020 , Psychology: The Science of Mind and Behaviour 8th Edition , Hodder Education
** 　原著：John R. Anderson , 2009 , Cognitive Psychology and its Implications Seventh Edition , Worth Publishers
***原著：Michael W. Eysenck,Mark T. Keane , 2015 , Cognitive Psychology: A Student's Handbook , Psychology Press

前述の通り、私はヒューマン・コミュニケーションとコンピューティングを学んで修士号を取りました。大学院では認知心理学に基づくニッチな応用研究、ヒューマン・コンピューター・インタラクション（human-computer interaction）つまりHCIに関する研究を行っていました。HCIは第二次世界大戦中に始まった調査が発端で、人の体に合うようにデザインを行う、日本における人間工学の分野から発展しました。人間工学はヨーロッパでいうエルゴノミクス（Ergonomics）やアメリカでのヒューマンファクター（Human Factors）と呼ばれる分野に相当します。残念ながら、初期は戦車制御や銃器、戦闘機といったものに重点が置かれていました。具体的には重圧下の中でも最高の性能を発揮するためのデザインや、直感的に操作できるインターフェースのデザインです。現在のECサイトであるアマゾンでネットショッピングする際とは利用シーンが大きく異なりますが、その原則は同じように当てはめることができます。軍需産業から派生した人間工学はインターネットの創生期、初期のコンピューター開発において格好の研究材料となりました。それがヒューマン・コンピューター・インタラクションの始まりです。

　HCIは認知心理学と人間工学の分野を基盤としています。HCIに関する書籍は私たちのようなデジタルの世界でデザインするデザイナーにとってすばらしい情報源です。アラン・ディックスらによる書籍『ヒューマン・コンピューター・インタラクション*』は重さが約1kgもあり、持ち運ぶことすら容易ではありませんが、心理学とインタラクションデザインの基礎を学ぶのに最適と言えます。価格が60ポンド（日本円で約8,500円）近くするので古本での購入も良いかと思いますが、その場合は必ず最新版を購入するように気を付けてください。

---

* 原著：Alan Dix,Janet E. Finlay,Gregory D. Abowd,Russell Beale, 2003 , Human-Computer Interaction , Prentice Hall

人気の心理学書

　ダニエル・カーネマンの『ファスト＆スロー：あなたの意思はどのように決まるか?*』は、心理学について書かれた最高の一冊の一つです。人間が周囲の世界をいかに観察し、判断を下すかについて秀逸な考察が述べられています。カーネマンはヒトが決断を下す際に2つのシステムを使うと述べています。システム1は感情主導の素早い判断、システム2は思慮深くゆっくりした判断です。必ず読むべき一冊と言えます。

　この他にも様々な理論を盛り込んだ非常に人気の高い本があります。人間の動機について書かれたダニエル・H・ピンクの『モチベーション3.0 持続する「やる気!」をいかに引き出すか**』のように、人気のある心理学書は得てしてデザインの方向性を指南するビックサイコロジーであることが多いです。

　数年前、私はとある節約推進プロジェクトに参加していました。その時参考にしたのがリチャード・H・セイラーとキャス・R・サンスティーンの『実践 行動経済学***』です。この本では行動の変化に注目し、小さな行動の変化がいかに大きな変化へと繋がるかを説明しています。おかげで私はプロジェクトの方向性を定め、デザインに関するアイデアのヒントも得ることができました。著者は選択肢の提示方法によって意思決

---

* 　原著：Daniel Kahneman , 2012 , Thinking, Fast and Slow , Penguin
　日本語版：『ファスト＆スローあなたの意思はどのように決まるか?』、ダニエル・カーネマン（著）、村井章子（翻訳）、早川書房
** 　原著：Daniel H. Pink , 2011 , Drive: The Surprising Truth About What Motivates Us , Riverhead Books
　日本語版：『モチベーション3.0持続する「やる気!」をいかに引き出すか』ダニエル・ピンク（著）、大前研一（翻訳）、講談社
*** 原著：Richard H. Thaler,Cass R. Sunstein Daniel , 2009 ,Nudge: Improving Decisions About Health, Wealth, and Happiness , Penguin Books
　日本語版：『実践行動経済学』、リチャード・セイラー、キャス・サンスティーン（著）、遠藤真美（翻訳）、日経BP

定が変わる「判断の仕組み」について論じています。本書で取り上げられた例の中の一つに、カフェテリアのメニューの配置について解説されている箇所があります。ヘルシーな食べ物を目の高さに置き、ジャンクフードを目につかない場所に置くと、人はより健康的な食事を選ぶようになるというのは非常に興味深い内容でした。

　リー・コールドウェルによる『価格の心理学　なぜ、カフェのコーヒーは「高い」と思わないのか?*』は人が金額と価値をどのように捉え、適切な価格を設定するかについて解説した素晴らしい本です。Eコマースの仕事をしているデザイナーなら必読の一冊でしょう。

デザインの心理学書

　心理学をデザインに応用する書籍は数多く出版されています。私が度々読み返しているのはウィリアム・リドウェル、クリスティナ・ホールデン、ジル・バトラーによる『要点で学ぶ、デザインの法則150 − Design Rule Index**』です。この本には115項目におよぶ心理学理論の概要とそのデザイン応用がわかりやすく解説されています***。

　スーザン・ワインチェンクによる『インタフェースデザインの心理学

---

*　原著：Leigh Caldwell , 2012 , The Psychology of Price: How to use price to increase demand, profit and customer satisfaction , Crimson Publishing
　日本語版：『価格の心理学』、リー・コールドウェル(著)、武田玲子(翻訳)、日本実業出版社
**　原著：William Lidwell,Kritina Holden,Jill Butler, 2010, Universal Principles of Design, Revised and Updated: 125 Ways to Enhance Usability, Influence Perception, Increase Appeal, Make Better Design Decisions, and Teach through Design, Rockport Publishers
　日本語版：『Design Rule Index 要点で学ぶ、デザインの法則150』、William Lidwell,Kritina Holden, Jill Butler(著)、郷司陽子(翻訳)、ビー・エヌ・エヌ
***　訳注：複数の版があり最新版では項目が150まで増えています。

—ウェブやアプリに新たな視点をもたらす100の指針*』もまた、心理学理論をデザインへ応用する際に役立つ実用的な一冊です。

　ステファン・アンダーソンによるカードセット『メンタル・ノート（Mental Notes）**』はデザインアイデアを生むための優れたツールです。それぞれのカードには理論と応用例が書かれています。私は実務において、デザインに取り掛かる際のちょっとした発想を得るために利用しています。例えばあるカードは「Recognition over Recall（記憶よりも認識）」とあり、「記憶を探るよりも以前体験した事実を思い出す方が簡単」と説明されています。その通り、サイトを訪れたユーザーにとって空欄のテキストエリアに入力を求められるよりも、与えられた選択肢の中から当てはまる事例を選んで回答する方がはるかに容易です。

　ダン・ロックトンによる『意図によるデザインツールキット（Design with Intent toolkit）***』は、心理学や他の理論への参照を含んだデザインパターン集です。

　これらの本はビッグサイコロジーの概念を通して実際のデザインの方向性を定め、アイデアを生み出す点においては有効です。しかし、デザイン上の特定の問題を解決するのには役立ちません。問題解決のためにはより学術的な世界に足を踏み入れる必要があります。

*　　原著：Susan Weinschenk, 2011, 100 Things Every Designer Needs to Know About People, New Riders Press
　　　日本語版：『インタフェースデザインの心理学 —ウェブやアプリに新たな視点をもたらす100の指針』, Susan Weinschenk（著）, 武舎広幸, 武舎るみ, 阿部和也（翻訳）, オライリージャパン
**　http://getmentalnotes.com
***　http://designwithintent.co.uk/

心理学を用いた
デザインの提唱

ADVOCATING DESIGN USING PSYCHOLOGY

詩人キーツは科学者アイザック・ニュートンの光に関する実験に対して、不平を漏らしています。「（ニュートンは）虹の詩的なイメージを台無しにしてしまった。虹の色を7つのプリズム色に減らしてしまうなんて。」デザインに関して意見が食い違うことがよくあります。私たちが生み出すデザインがある一方で、デザインが正しいのかを実証する科学があるのです。

　UXコンサルタントとして私はリサーチとデザインの両方を行っています。人を理解することで問題を明らかにし、実施した調査結果と心理学の両方で得た気付きに基づき、デザインの変更を提案します。

　一般的にユーザー調査ではデザインの問題点が明らかになります。デザインの有効性は確かめられますが、それ以上のことはわかりません。問題の解決法を見つけること、それが調査の最終目的です。前章では心理学が何に適しているか、つまりデザイン個々の問題の改善について述べてきました。ユーザー調査では大抵、こまごまとしたデザイン上の問題を発見します。例えばボタンが目に付かない、ユーザーの導線が遮られる、専門用語で理解できない、関連性が伝わらない、といったことです。これらの問題は心理学の知識で解決できます。つまり優れたデザイナーであればユーザー調査と心理学理論の二つを併せて習得すべきです。二つのスキルがあれば、問題の発見から解決まで行えます。それでは改めてメニューの数をいくつにすべきかの問題について考えてみましょう。

デザイン上の判断を伝える

　私のデザインワークの半分は、どのデザインを採用するかの提案にほぼ費やされています。

　これは私が仕事を始めた頃とは違う点で、当時は感覚でデザインを評価する広告会社に勤めていました。デザインはユーザーとクライアントがどのように感じるかを評価の基準としていました。デザインは、直感やこれまでの成功体験に基づき作られていました。シニアデザイナーは20年以上にわたるデザイン経験から何が効果的で、効果的でないかを知っており、どの広告キャンペーンが成功し、どれが失敗したかを把握していました。

　経験は言うまでもなく重要です。私が一緒に仕事をしてきた優秀なデザイナーたちは、どうすれば上手く行くかシンプルに理解していました。使用する色、フォント、ホワイトスペースの使い方、ボタンの配置、ナビゲーションの選択肢の数、これら全てがデザイン上でしっかりと機能しているなど、これら全ての決定には、デザイナー自身が気付いていなくとも、その背後には確固たる理論があるのです。

システム型と共感型

　心理学で裏付けされた確かなデザインは様々な面で役立ちます。第3章ではメニューに関して、選択肢の数は6が適しているとわかりましたね。

　大まかに言うとデジタル業界には2種類の人物がいます。サイモン・バロン＝コーエンは私たちをシステム型と共感型に分けて定義しています。共感型の人は感情に基づいて判断し、クリエイティブなことに関わる傾向があります。システム型の人は証拠やデータを好み、より技術に注目します。私たちのほとんどはこの二つのタイプを結ぶ線上に当てはまります。

　ではプロジェクトチームやクライアントとの話し合いはどのように進めればいいのでしょうか？　共感型には感情を、システム型にはデータについて話す必要があります。

　経験上どちらの要素も織り込むべきです。感情に基づいたデザイン提案は本書では主題から外れるため扱っていません。私はこれまでシステム型の人にはデザイン上の判断について心理学を用いて説明してきましたが、上手くいくこともそうでないこともありました。最もひどい失敗は、細部についてあまりにも多くの実験や研究、引用を引き合いにし、説明ばかり詰め込んだ場合でした。私が話している間、相手はいつも狐につままれたような表情をしていました。

　ベストなアプローチは、二つの要素を組み合わせることです。つまり、簡潔に説明することと、ストーリーを伝えることです。

　まずは問題を明確にすることから始めます。ユーザーが選択をしやすくするために、最適な選択肢の数を提供したいと考えています。選択肢が多いほどユーザーは決断が難しくなります。

次に解決策を説明します。「選択肢を6つに制限することで、ユーザーのエンゲージメントを高めることができます。追加の選択肢を増やすごとに、ユーザーに求められる試行量も増えます。まずは6つにして、調査をしつつ調整していくのがいいでしょう。」

　そこで質問を投げかけられるでしょうが、すでに調査済みなので上手く答えられるはずです。

> **質問**：何人の人に調査したのですか？
> **回答**：249名で、結果は統計的に見ても有意なものでした。
> **質問**：この結果が出たのは一度だけですか？　何度か調査していますか？
> **回答**：はい。度々調査を行い、同じ結果でした。

　自分たちが正しい判断をしていると納得でき、チームが提案内容に自信を持てるよう、判断の前提もしっかり説明できなくてはなりません。

> **質問**：はたしてメニューの数を6つにした新しいデザインが機能するかどうか、確証があるのでしょうか？
> **回答**：それは確かに難しい質問です。なぜなら確証を得ることは不可能だからです。しかし、心理学に基づいたアプローチは、強い基盤となり、良い出発点となり、より情報に基づいた選択を可能にします。感覚的に正しいと感じるだけの解決策よりも、私たちが提案しているのは、現状を改善する証拠があるものです。

デザインと理論の研究

　デザインとUXの分野において、ここ数年で最も大きな変化の一つは、多変量テストやA/Bテストです。

　最も（悪名高い）有名な例は、この種のテストの仕組みを説明しています。Googleは、ボタンの色に関して41種類の異なるパターンを用意し、41のグループにそれぞれ別の色を見せてどれが一番効果があるのかテストしました。よくない方法です。

　問題を解決するためデザインに心理学を使う場合、その有効性を調べるには多変量テスト（MVT=Multi Variant Testing）を用いると上手くいきます。

　私たちの選択肢6という手法がいかに正しいかについても多変量テストで確認できます。別のより大きな数字、例えば9でテストしてみます。注意しなくてはいけないのは、MVTで陥りがちな失敗である、多くの変数を取り入れることです。心理学的においてはテストする選択肢、つまり変数を抑えたほうが有効です。少ない選択肢を評価する方が、その結果に自信を持つことがはるかに容易です。明確なスタートを切ればMVTで次のテストを行い、デザインを改良していくことができます。

　なお、このような状況でユーザー調査を利用するのは難しいことです。人は意識的にも無意識にも影響を受けるからです。一般的なユーザーテストではウェブサイト上でタスクを完了します。進行役はそれを見ながら質問をします。

　選択肢の数に関してユーザーテストを実施する場合、ユーザーから選択肢をもっと増やして欲しいという意見を聞く可能性があります。それはデザインが改善されたからかもしれないし、誰かが隣に座って選択肢を順番に読み上げてから選ぶように言ったからかもしれません。つまり

観察者の存在が調査に影響し、妨げとなるのです。これをホーソン効果といいます。

　他方、MVTはそのような影響を受けません。MVTが適しているのは規模が小さい個々のデザインを客観的に調査する時であり、まさに心理学が適する問題です。

ホーソン効果

　1927年から1932年にかけて、ウェスタン・エレクトロニック社はイリノイ州シセロにある同社最大の製造工場の一つにおいて時間と作業量の調査を行いました。ハーバード大学ビジネススクールのエルトン・メイヨ教授は、この調査で生産性を高める光の強さ（光度）が判明することを期待していました。けれどもメイヨ教授の予想に反して、どんな光度でも生産性が上がったのです。なぜなら横に調査員がいることで、工場労働者たちはより一層努力し、良い結果を出すようになったからです。つまり観察そのものが結果に影響を与えることが分かったのです。

　ユーザーテストのような定性調査は深い理解を得るには最適です。一方、MVTは数字が重要な定量調査の一種です。簡単に言うと、定量調査はある物事が正しいか証明することに適しており、定性調査はある物事がなぜ正しいかを説明するのに適しています。

　心理学はデザインの問題に具体的な解決策をもたらすことで、そのデザインをより優れたものにします。同時に心理学はデザインを提案する際の助けとなり、あなたをより優秀なデザイナーに成長させてくれることでしょう。

心理学を
さらに深く学ぶには

TAKING YOUR PSYCHOLOGY STUDIES FURTHER

心理学を学ぶことで、デザインを支える理論的な根拠を得ることができます。また、根拠に基づく学術的な議論の方法を学習することは、デザイン上の決定をさらに有利に運ぶ手助けとなるでしょう。

この分野をより深く探究したい方にはデジタルデザインに適用されている心理学を学ぶことをお勧めします。ヒューマン・コンピューター・インタラクションは、実際のシチュエーションに理論が応用されている点で優れています。もちろんデザインそのものを学ぶことには適していません。全般的なデザインスキルを高めたいのであれば、デザイン原理をまず学ぶべきでしょう。

オンライン学習で学ぶ心理学

心理学を学ぶと焦点が理論に集まり、実践的な応用が軽視されていることに気付くはずです。

イギリス公立のオープンユニバーシティにある認知心理学課程は、学術会でも非常に尊敬を集めていた時期もありましたが、残念ながら今はそれほどでもなくなりました。しかし、指導教員たちは授業の教材としてよくまとめた無料のポッドキャストを数多く提供しています。アメリカのMIT（マサチューセッツ工科大学）も心理学概論コースからいくつかのポッドキャストを配布資料付きで提供しています。これらのポッドキャストは講義を収録したものなので、放送の前後に前説や段取りが入っていることが多々あります。

またアメリカのイェール大学ポール・ブルーム教授はYouTubeに心理学入門の素晴らしい講義動画や教材を公開しています。アメリカのカリフォルニア大学バークレー校からは、全22回の心理学コースの動画が公開されています。

オンラインで学ぶヒューマン・コンピューター・インタラクション（HCI）

　HCIコースは応用的な内容と実践の背景にある重要な理論を非常に重視しています。

　アメリカのスタンフォード大学はオンライン講座のコーセラ*（Coursera）でヒューマン・コンピューター・インタラクションについての興味深いコースを開設しています。とても基本的な内容ではありますが、ビジュアルデザインや基本的なタイポグラフィのクラスもあります。

　アメリカのカリフォルニア大学サンディエゴ校はオンライン講座コーセラにインタラクション・デザインのコースを設立しました。値段は400ドルほどで、それぞれの科目を別々に購入して視聴することも可能です。
　IDEOと提携している非営利団体アキュメンはヒューマン・コンピューター・インタラクションの基礎が学べる7週間のコースを開設しました**。
　イギリスのUKノッティンガム大学ではユーザビリティとHCIの通信教育を提供しています。これは上述のオンラインコースよりもかなり費用がかかりますが、受講者の学習ニーズに合わせてカスタマイズされたプログラムを受講できます。チューターのサポートも得られます。

---

*　https://www.coursera.org/
**　http://plusacumen.org/courses/hcd-for-social-innovation/　2016年時点

大学へ戻ってプログラムを選ぶ

　神経科学とヒューマン・コンピューター・インタラクションにおける私の経歴からすると、科学に重点を置いたコースをお勧めする傾向があります。応用心理学コースの多くは修士課程プログラムで、HCIはデジタルデザイナーにとって最も関連性の高い科目と言えるでしょう。

　迷ったら一度立ち止まってそのコースで何が得られるのか考えてみるのもいいでしょう。重要なのはそこで学べる内容です。学校という場には社会的な利害関係の縛りなく純粋に誰かのためにデザインする機会や、優秀な人々と一緒に心理学理論をデザインに適用してみる機会もあります。ほとんどのコースには確固たるデザインの方針が無いので、実務経験のあるデザイナーからすれば物足りないかもしれません。また、心理学の専攻出身の卒業生は、理論とプロセスを実践するために必要なデザインスキルを学ぶ機会が十分に提供されていないことがよくあります。この点は改善されつつありますが、未だに心理学とデザインの2つを組み合わせたコースが存在しないのは残念な限りです。

イギリスで有名なHCIプログラム

　ユニバーシティ・カレッジ・ロンドンのインタラクションセンターには理系修士（MSc, Master of Science）と短期の卒業認定（Diproma）コースがあります。

　バース大学のHCIコースも優れています。私がそこで学んだからということもありますが。

　HCIコースがあるイギリスの大学には他にもエディンバラ大学、ラフバラー大学、西イングランド大学があります。

アメリカではカーネギーメロン大学のヒューマン・コンピューター・インタラクション学科が有名です。ワシントン大学やジョージア工科大学、スタンフォード大学にも素晴らしいプログラムがあります。

入学するコースを選ぶ際にはプログラムで提供される科目をよく調べましょう。学びたい内容に合致しているでしょうか？　あなたが重点を置きたいのは心理学かそれとも応用か？　コースの主任と電話で話してみたり、メールを送って相談してみて、自分が必要としている内容と合致しているか確認しましょう。

他の国のHCIコースを探す場合にも選ぶ前に他者からアドバイスをもらいましょう。私は上記のイギリスとアメリカのコース情報をまとめる際に、Twitterで得たアドバイスが非常に役立ちました。

UX特別コース

近年、短期のUX特別コースが出現してきました。基本的には実践について学ぶコースで、心理学については軽く触れられる程度で、UXにおいてのキャリアを持たない初心者向けのコースです。例としてCenterCentre*や職業訓練校のジェネラル・アッセンブリー**（General Assembly）などがあります。

---

*　　http://centercentre.com/program
**　https://generalassemb.ly/

大学で心理学を学ぶ

　ほとんどの大学では心理学の学士課程が置かれています。心理学部の
ある大学を探してみましょう。またその学部の傾向を調べるのもいいで
しょう。しかし、現在デザインの仕事をしているなら、学士号を取りに
大学へ通っても、デザインの仕事を増やすことは難しいかもしれません。
良いデザイナーになる助けにはなるかもしれませんが、3年も学生とし
て過ごすのはキャリアとして若干長すぎるからです。

そして最後に…

　世の中には、心理学を利用して人々を誘導し、望まない行動を取らせ
るデザインの事例が山ほど存在します。デザイナーがどうしても使いた
くなるものもあるはずです。しかし、心理学は正しく使われなくてはい
けません。あなたが少しずつ工夫を凝らし変化させていくことで、人々
に自信を与え、後押しすることができるはずです。

オンライン参考情報

　本書には、対になるウェブサイトの PsychologyForDesigners.com*
があり、心理学とデザインの接点となる資料やリンクを参照できます。私
が言及した研究など、本書に関するリンクも全て含まれています。ナビ
ゲーション、画像、その他のテーマに沿って心理学研究が検索可能です。
Twitter でも UX や心理学の記事を共有していますので、@mrjoe ** をフ
ォローしてください。

　また私が週刊で発行している UX やデザイン、心理学のリンクをお届
けするメールマガジンにもご登録いただけます。

　さらに私が定期的に開催しているデザインと UX のワークショップの
卒業生ジェローム・リボーが、Coglode*** という認知的負荷（Cognitive
Load）に関する素敵なウェブサイトを作ってくれました。こちらでは、
軽く知識を得たい方向けのわかりやすい心理学理論とそのデザイン例が
掲載されています。

Chapter

6

---

* 　http://psychologyfordesigners.com/　2016年時点
** 　https://twitter.com/mrjoe
*** http://coglode.com/

デザインにおける
心理学と
心理学の都市伝説

PSYCHOLOGY IN DESIGN
AND PSYCHOLOGY MYTHS

> 私が特に役立つと思う心理学理論をいくつか紹介し、同時に心理学に関する誤解や都市伝説を明らかにしたいと思います。

番外編A：デザイナーとして知っておくべき心理学

　心理学の知識はユーザーの思考や行動のフレームワークをもたらします。ユーザーの行動にデザインを合わせるのがデザインの効果を強める確実な手段です。私が、デザイナーとして知っておくべき心理学の重要な側面についてお話しします。

　始まりは私が15歳の時、母の本棚で見つけた一冊の本でした。それは『本を読むように人の心を読む方法 (How to read people like a book) *』という本です。ボディランゲージの基本を取り上げており、オタクな毎日を送っていた10代の少年にとって可能性に溢れる発見でした。この本に従えば、どの友人が私のことを退屈に思っているのか、周囲の人にどうやって自分を開放的で積極的な人物に魅せられるか、そして好きな女の子が私を好きかどうかさえも知ることができました。しばらくの間、私はまるで魔法を手に入れたかのような気分でした。

　当然、物事はそんなに単純ではありません。私は会話に耳を傾けるよりもボディランゲージを読み取ろうと躍起になり、意味深なメッセージを必死に送り、結果としてまだ10代の私の行動は不自然なものになっていました。心理学との最初の出会いから、私は理論の応用は思ったほど簡単ではないと心底思い知らされました。

　それから20年経ち、心理学で学んだことをデザインに生かすUXコン

* 原著：James W Williams, 2020, How to Read People Like a Book: A Guide to Speed-Reading People, Understand Body Language and Emotions, Decode Intentions, and Connect Effortlessly , Independently published

PSYCHOLOGY IN DESIGN AND PSYCHOLOGY MYTHS

サルタントとして10年間、活動しています。

　厄介なインタラクションの問題や、難しいプロジェクト、大規模なEコマースサイトに取り組んでいる際、突如あの最初の本から学び得た心理学研究の理論に立ち戻りました。

心理学ができること

　デザイナーにとって心理学は、ユーザーがデザインとどのように対話するかを予測する能力に大きな価値を提供します。大抵の場合、成功しているデザイナーの多くは経験と直感を通してその能力を身につけています。

　主要な心理学理論をいくつか習得すると、自分のデザインが直感的で魅力的かどうか確認しやすくなるだけでなく、自分のデザイン上の判断をプロジェクトチームやクライアントに説得できるようになります。

心理学ができないこと

　最初に試みたボディランゲージの実験で、残念ながら心理学は、いつでも応用可能な学問ではないと私は学びました。心理学に基づいた全てのデザインに成功を収める確証が得られれば、人生はきっと素晴らしいものになるでしょう。しかし残念なことに、人間は複雑なのです。脳の300兆に及ぶ神経細胞が、人間を宇宙で最も複雑な存在にしているのです。

脳の機能について

　ボディランゲージに関する成功とも失敗とも言える経験の後、私は心理学の学習に取り組み、生物学と心理学の領域をカバーする神経科学を学びました。

　人間の脳は生物のあらゆる種を超えて進化を遂げており、主に3つの部分に分かれて構成されています。

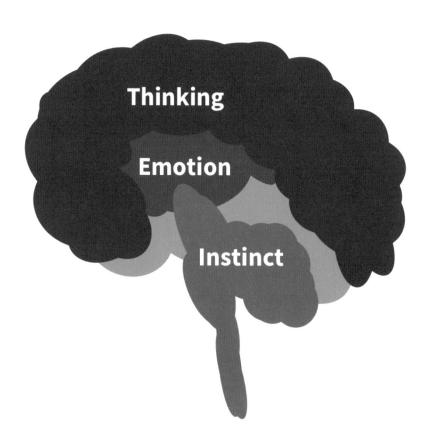

　脳の最も基本的な部分は脳幹と呼ばれる脳の基底部に存在し、本能を

制御しています。単純な生存行動と素早い意思決定がここで制御されます。例えば、今ライオンが現れたとして、戦うか逃げるかの即座の判断は難しいですよね？　そのような場合の判断は脳のこの部分が行います。

　私たちデザイナーはデザインの評価にこの行動を利用できます。有名な5秒テストというものは、ユーザーに5秒だけ与え、ページ内で一番目立つものを指してもらいます。もし私たちのユーザーがEコマースページで「今すぐ購入」ボタンを指定できれば、そのデザインは成功だと自信を持って述べることができます。

　その脳幹の上にあるのは感情を司る私たちの友人であり、神経科学者に大脳辺縁系と呼ばれている脳の一領域です。感情を扱う脳のこの部分は肯定的もしくは否定的な体験に基づく記憶を行動に結び付けます。

　イワン・パブロフが1902年に行った有名な実験では、犬に肉を与える前にベルを鳴らすことで脳のこの部分がどのように機能するかを解明しました。犬はベルが鳴っただけでよだれを垂らすようになったのです。つまりこの犬は肉が目の前に無くても食べるという肯定的な感情をベルの音と結びつけたのです。

　感情と記憶の結びつきは強力です。私たちデザイナーが行うユーザー体験の設計の場面において、大きな真価を発揮するのがこの結びつきです。感情的に訴えかける力強いデザインは劇的な効果をもたらします。

　ウェブサイトやアプリを肯定的な体験に結びつけるとユーザーが商品を思い出しやすくなり、再訪したり、友人に勧める確率が高まります。楽しくワクワクするような体験を提供することができれば、費用のかかる宣伝や自分たちの商品を目の前に並べつづけるためのPPC広告（Pay Per Click）に頼ること無く、商品を成功へと導くことができるのです。

　もちろん、これは反対に働くこともあります。否定的な体験があることはウェブサイトが苛立ちや落胆で永久的に関連付けられていることを意味します。優れたユーザビリティは楽しさを生むわけではないものの、サイトに対する苛立ちの感情を回避することができます。

３つ目の脳の部分は最も重要かつ人類で一番発達している大脳新皮質、つまり思考脳です。

　脳のこの部分は、私たちがデザインする上で最も安心して取り組むことができる部分です。持ちうる情報をユーザーに全て提供したりサイトについて詳細に説明すること、商品の長いリストを提示することは、思考・論拠の脳に訴えかけます。

　思考、言い換えると認知というものは人間と他の種との違いを明確にしています。本能や感情で決定する前に、情報を集め分析する行為は、社会に適応するための非常に人間的な行為です。

　しかし、認知にはコストがかかります。考えるには膨大なエネルギーが必要なのです。人間の脳、特に大脳新皮質は、私たちが使うエネルギーのなんと15〜20％を消費しています。そのため大量の情報を含むウェブサイトや、考えるのに集中を要するウェブサイトは、認知的負荷が増加します。

　ウェブサイトが離脱を招く最大の理由の一つに認知的負荷が挙げられます。ユーザーに考えさせ過ぎると彼らは疲労し、疲労した人間は立ち止まって休息が必要になります。

　スティーブ・クラグが彼の著書*の中で述べている通り、デザイナーとしてユーザーに「考えさせない（Don't make me think）」ことが大切です。決断を過剰に求め、負荷をかけすぎないようにしましょう。物事をシンプルにしておけばウェブサイトの認知的負荷を軽減できます。

ユーザーの思考に合わせる

　じめじめした寒いイギリスの冬、私の古くからのルームメイトは仕事

---

* 原著：Steve Krug, 2013, Don't Make Me Think, Revisited: A Common Sense Approach to Web Usability, New Riders
日本語版：『超明快 Web ユーザビリティ ―ユーザーに「考えさせない」デザインの法則』, スティーブ・クルーグ（著）, 福田篤人（翻訳）, ビー・エヌ・エヌ新社

から帰宅すると、暖房の設定を一気に最高温度の30度までよくあげていたものです。

「おいおい、それで早く温まるってわけじゃないよ。」と私は言います。「温度設定はその温度に達したら暖房が止まるだけなんだから。」

その温度設定はルームメイトが認識しているメンタルモデルと合致していなかったのです。

これはよくある合理的間違いです。同じようなインターフェースで調理用ガスコンロを制御するつまみがあります。これは彼が想定していた温度設定の動作と同じような働きをします。インターフェースは似ていますが、実際の動作は全く違います。

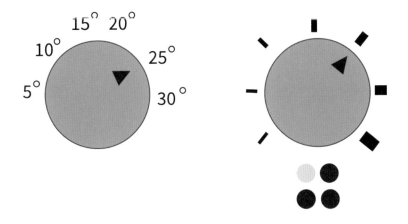

暖房の温度設定とガスコンロのつまみ、どちらも似通ったデザインなのに、その機能は全く異なっていることが分かりました。

成功を収めたウェブサイトやアプリはそれがどう動くかの、ユーザーのメンタルモデルと合致しています。もしユーザーが違うメンタルモデルを持っている場合、ウェブサイトはうまく機能せず彼らに直感的だと感じてもらえないでしょう。

ウェブデザインへのメンタルモデルの応用について私のレクチャー動

画があります。ぜひご覧になってみてください。

　私はよくフォーム画面をデザインします。ユーザーテストではほとんどのユーザーが必須項目を示すアスタリスクの意味を理解していない事実にいつも驚かされます。

　これはメンタルモデルがミスマッチを引き起こしている例の一つです。紙のアンケートを記入する際、慣習的に任意の項目に印を付けます。「答えがYesなら詳細を記入してください。Noなら次の質問に進んでください。」というような具合です。

　紙のアンケートフォームに記入する際のメンタルモデルはオンラインでのフォーム入力とは一致しません。メンタルモデルは徐々に順応し、変化するものですが、それには思考と集中力が必要とされます。新しいメンタルモデルの習得には認知的負荷が増加します。

　メンタルモデルを一致させる一番簡単な方法は、ユーザーがタスクをこなすさまを観察することです。ユーザーがたどるメンタルモデルを調査するにはタスク分析という手法を用います。調査をすることで判明したメンタルモデルをデザインに用いることが可能になります。例えば、アカウント登録数を増やしたいウェブサイトがあるとします。ユーザーの導線上、アカウント登録を置く場所が早すぎても遅すぎても直感的に感じてもらえません。ユーザーは登録をためらうようになり、最悪の場合アカウント登録をせずにサイトを離脱してしまいます。

　もしユーザーがタスクを完了するまでのメンタルモデルを、ウェブサイトやアプリのデザインと一致させることができれば、ユーザビリティは向上し、認知的負荷が軽減されます。私たちはユーザーがどのように考え、行動するかに合わせウェブサイトをデザインするのです。

人間のためのデザイン

　大脳新皮質は他の動物より人間がはるかに発達しています。1998年ロビン・ダンバーは私たちはなぜこんなに大きな脳へと進化させたかについての仮説を発表しました。その「社会脳仮説」において彼は大きな脳の必要性を大規模かつ複雑な社会組織と結びつけました。私たちは脳を使って社会状況を読み、また分析します。人間は社会に対応するために進化したのです。

　ダンバーはさらに持論を進めて、脳の大きさにあわせて組織可能なソーシャルグループのサイズを提示しました。SNSアプリの「Path*」は、この数字に基づいて設計されました。ダンバーが定義する、人間が維持することのできるソーシャルグループサイズは148名前後です。これより多くの個人的関係を維持する知的能力が人間にはないということです。

　人間は複雑な社会環境の中で人と付き合うことができます。私たちはその行動に合致するウェブサイトやアプリをデザインする必要があります。デジタル製品もまた、私たちと同じように動作しなければなりません。

　私たちは幼い頃から他人の行動を見てメンタルモデルを発達させます。これを示す実験が「スマーティーズ（Smarties）」テストです。スマーティーという商品名のチョコレートキャンディーの箱を子供に見せ、「中身は何？」と尋ねます。子供は「スマーティー！」と答えます。それから種明かしを行い、中身が本当は色鉛筆だと子供に教えます。続けて、もし目の前に別の人がいて箱を見せたら中身は何だと答えると思うか？とその子に質問します。通常4歳以下の子供なら「鉛筆」と答えます。しかし、私たちのほとんどは「スマーティー」と答えるでしょう。つまり、

---

* Path
　友人を150名に限定したソーシャルネットワークサービス。

子供は別の人の立場に自分を置いて考えることができないのです。彼らはまだ、共感の科学的な根拠となる人間的な「心の理論*」の発達過程にあるのです。

　人間は自分が知覚する周囲からメンタルモデルを形成します。そして互いに相手の行動を予測するのにこのメンタルモデルを利用します。

　私たちは他人の立場に自分を置いてみて、彼らが知っているであろうことや考えうる行動を予測します。これが人間のコミュニケーション全般の基盤を形作ります。会話をする際にもお互いが知っていることに両者が共通のモデルを持っていることが前提となるのです。

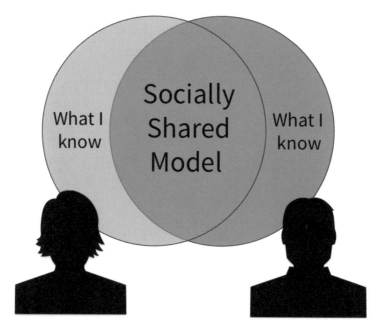

人間には共通の理解モデルがあります。お互いが知っていることを認識し、その上で予想をすることができます。

* 心の理論
　他者の気持ちを尊重する能力。

コンピューターを使う際、私たちは自分たちが持っているメンタルモデルと同じ動作を期待します。特に音声認識において人間同士の会話のようなやり取りを予想しがちです。多くの場合、機械は人間のハイレベルな期待に応えられません。Apple の Siri や iPhone の音声入力は、私たちの期待が高すぎるがために大抵は失望に終わります。

　運転中にランダムに音楽をかけていて今かかっている曲が気になった時、Siri に「この曲はなに？」と尋ねます。

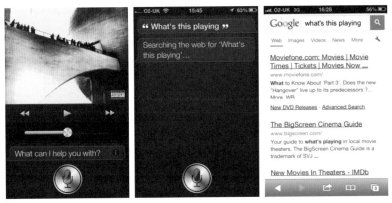

　Siri は質問を誤解し「この曲はなに？」という単語をウェブ検索してしまいます。控えめに言ってもイライラします。これは共通のメンタルモデルの崩壊と言えます。

　同様にユーザーを苛立たせないように共通のモデルを築くにはユーザーのデータが必要です。バーチャルアシスタントである Google Now は共通のメンタルモデルを作るために Google が保持している私たちに関する全てのデータを利用します。

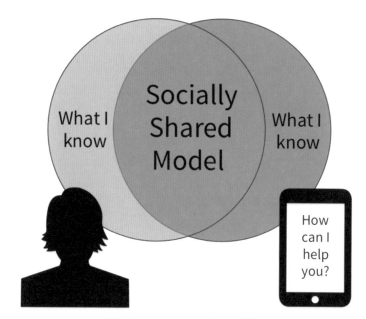

コンピューターは人間が持つメンタルモデルを模倣する必要があります。製品の成功のためにはお互いが知っていることを共有する必要があり、共有して初めて予測が可能になります。

　パーソナルアシスタントとしての高い期待に応える製品をデザインするには、製品の対象となる人物のメンタルモデルを形成する膨大なデータが必要になります。実際私たちがGoogle Nowのサービスを最大限に利用する唯一の方法とは、Googleが保持している膨大な自分の個人データにアクセスさせることを認め、それが悪用されないことを信じるしかありません。

　Google Nowは情報を正しいタイミングで適切に用いると約束しています。これは、社会的に共有された認知が、製品を便利で時には愉快なものにできるかという事例の一つです。

　Google NowではGoogleがサービス利用者の私たちを学習し、そのデータが使用されます。位置情報、最近かつ頻繁に行う検索の内容、カレンダーに登録した旅行やレストランの予約、メールの内容など他にも

データの取得先はたくさん存在します。私に関するデータを収集し、私がどんな人物で、何を求めているかのメンタルモデルを形成します。

　そのシステムをうまく機能させるには、相手が自分に関して何を知っているのかのモデルを同じように理解しなくてはなりません。つまり、お互いに社会的に共有された認知モデルが必要なのです。

　それが成り立って初めて相手は私が望むことを予測し、私も正しく質問を投げることができるようになります。「今夜の予約は何時？」と聞くことができ、相手も予約が飛行機ではなくレストランの予約だと理解し答えることができます。もし自分に関するメンタルモデルが相手に不十分だと分かっていれば、「今夜の“レストラン”の予約は何時？」と詳細な情報を加えて尋ねるでしょう。これは私たち人間がお互いにコミュニケーションする時とよく似ています。お互いに知っていることを予測し、それに応じて会話を行うのです。

　Google Now は代名詞を用いた複雑な解釈にも対応できます。

　私が「リバプールFCの監督は誰？」と質問すると、Googleが回答します。それから「彼は何歳？」と聞くと、Googleは誰のことを話しているのか理解し、ブレンダン・ロジャー監督の年齢は40歳だと回答します。彼、私たち、彼女、それ、これ、あれといった代名詞を理解することは複雑で、共通認識が必要になるのです。

　これは Siri が役に立たなかった時と同じ問題です。Siri は代名詞の「この」を理解していなかったのです。

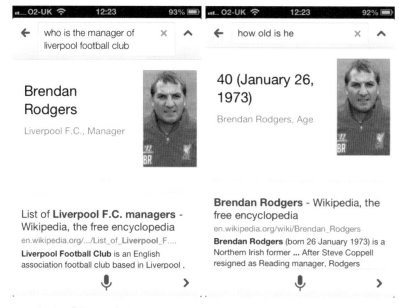

この文脈で「彼」が意味することの共通認識。

目線を意識する心理

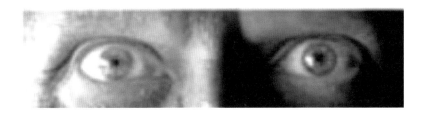

　イギリスのニューカッスル大学の研究者たちはある時、大学の喫茶室で料金を払わない人がいることに気付きました。それは備え付けの料金箱にお金を入れる仕組みでした。コーヒー代を受け取る人間がいないので、支払いをせずにコーヒーを手に取り、出て行ってしまっていたのです。

　そこで彼らは正直さを促すための実験をやってみることにしました。

　研究者たちは2種類の画像を試しました。花の写真と人間の目の写真です。つまり、こちらを向いているか、そうでないかです。

　人間の目が直接こちらを向いている写真を使った場合、料金箱の回収率は増えました。他人が自分の行動に気付いていると思うと、私たちはより正直になります。支払いをごまかしていると他人に知られていることに気付けば、支払いをする動機となります。他人の目線を意識する「心の理論」が作動するのです。

■ この実験から導き出したデザイン

　私はこの原理を保険業界の申し込みフォームで人々の誠実さを引き出すために使いました。フォーム上にユーザーをまっすぐ見つめる人の写真を配置すると、それまであまり正直に答えなかった質問でYesと答えるユーザーが増えました。

なにがあっても適切に

　ユーザーが望まない、または必要性をまだ感じていないことを強要したり、惑わせたり、騙したくなる誘惑は常につきまといます。

騙しのテクニック。ユーザーは国名リストを選んで保険を選択する必要はありません。しかし私たちのメンタルモデルはそこに国名リストがあるとつい選択してしまうのです。

　DarkPatterns.org*では、ユーザーに本意ではない行動をさせるひっかけや不正な技術のデザイン例が紹介されています。サイト設立者のハリー・ブリグナルはこの業界でこのような詐欺行為を止めさせるための活動を行っています。

　人間の考え方、動機、目的や期待を理解すること。それらのニーズに合った製品を作れば、その製品は確実に成功を収めることができます。

　つまるところ心理学を理解しないデザイナーは物理を理解しない建築家のように成功しないのです**。

---

* https://darkpatterns.org/
** この記事は、イギリスのデザイン雑誌の「.Net Magazine」にずいぶん違う内容が掲載されています。

番外編B：デザイナーが知っておくべき心理学の4つの嘘

　有名なマイヤーズ・ブリッグズの性格診断テスト、左脳と右脳、ミラーのマジックナンバー７±２、マズローの欲求階層を取り上げます。

心理学の嘘 #１：マズローの欲求階層

　もしクリエイティブ・ディレクターがマズローの欲求階層をプレゼン資料に入れているのを見たら、私は怒り狂うことでしょう。マズローは広告代理店の世界では決まり文句になっているものです。
　マズローのモデルは人間の動機付けを図式化しています。ピラミッドの底辺にあるのは最も基本的な動機です。この動機が満たされると次の欲求に上がるというように階層が上がり、ピラミッドの最上段まで進むというものです。

このピラミッド図式が偏在しているのが問題なのではなく、モデルに理論的基盤（実証に基づいた証拠）がほとんどないことが問題です。

マズローは自分が正しいと考えた通りにこの図をまとめました。確かにそうなのでしょうが、実証がないと西洋社会に生きる者として大きな批判を受けざるを得ません。

■ ブリッドウェルとワーバの1976年総説（調査論文）より

幾多の横断的研究を行なった結果、自己実現への欲求に関して以外、マズローの欲求段階モデルに明確な根拠を見い出せませんでした。この説に関するどの研究からも限定的な裏付けしか示されておらず、そのような研究も根拠とするデータの測定に疑わしい点が多く見受けられます。

西洋社会で行われたこの研究では、欲求モデルの下位部分の根拠は見つかりませんでしたが、最上位の自己実現に関しては見つかりました。ホフステードの文化次元論＊に立ち返り、なぜこのモデルが普遍的ではないのか考える必要があります。

自己実現、つまり可能な限り最高の人間になろうとする考え方は非常に個人主義的な考え方です。アジア圏では集団主義に基づくコミュニティや家族が重視されます。自己実現という非常に個人的な目標を最上部に配置したことは、個人主義のアメリカ在住の男性であるマズローの生い立ちが明るみにでてきます。

また、マズローのモデルが男女同じように当てはまるのかについても確証はありません。

＊ 文化次元論
　世界各国の文化の違いを示すモデル。

心理学の嘘 #2：ミラーのマジックナンバー 7±2

　心理学とデザインに共通する神話の一つがジョージ・ミラー博士の研究への誤解に基づいたものです。それは、ナビゲーションメニューにおいていくつの項目があるべきか考えるときによく用いられます。

　ミラーは作業記憶（working memory）と呼ばれる、人間が記憶できる容量に注目しました。作業記憶は情報を処理する間、複数の情報を一時的にとどめておく記憶領域です。

　この研究はしばしば間違った形で伝えられています。つまり、人間の作業記憶が保持できるのは、7±2個までだとミラーが定義したという誤解です。実際のところミラー自身が1956年に基準値を7とすることについて疑問を呈しているのにもかかわらず、未だに通説として7±2というマジックナンバーがまかり通っています。

　ジョージ・ミラーも自身の研究がひどく誤解されたまま広まっていることに戸惑い、以下のように述べています。

　「重要なのは7という数字は、振り幅のあるもの（速度、音量、明るさなど）を識別する際のレベル感や、瞬間的に思いだすことのできる数の限界値であり、どちらも目の前にある文章に対する理解力には関係ありません。*」

　おかしなことに2016年5月時点、Wikipediaにも誤った情報が掲載されており、間違いへの指摘もされていない状況です。

---

* ミラーの説を選択肢の数のようなユーザーに提示する数の基準に用いるのは、適用条件が異なるので不適切です。

■ 短期記憶 vs 作業記憶

　短期記憶の前提については意見が分かれています。私は思考や概念、物事を処理するために使われる作業記憶に関心があります。短期記憶が直近に受けた感覚を処理するのに対し、作業記憶は基本的に目的を重視しています。ここでは作業記憶に関する素晴らしい一説を紹介します。

■ ヒックの法則

　もし1グループで最適な項目数を検討する際は、それを決定するためにヒックの法則を用いるといいでしょう。

　ヒックの法則は提示される選択肢の数と、選択に要する時間を評価する手法の一つです。時間がかかることは思考していることを意味します。数が少ないと思考は少なくなり、選択は早くなります。誰かによく考えて選択してもらいたい場合は、この法則を使って何個の選択肢を表示すべきか計算しましょう。ヒックの法則の適用事例についてはこちらの記事が参考になります。

　(https://www.smashingmagazine.com/2012/02/redefining-hicks-law)

心理学の嘘 #3：右脳派と左脳派

　私はエセ心理学に惹かれたことは一度もなく、世間の右脳/左脳にまつわるくだらない話には心底腹が立ちます。

　まずは、右脳と左脳それぞれによく関連づけられる特徴をご紹介します。

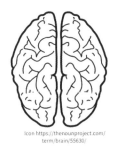

Left Brain
Logic
Analysis
Sequencing
Mathematics
Facts
Words
Computation

Right Brain
Creativity
Imagination
Intuition
Arts
Rhythm
Feelings
Visualisation

Icon https://thenounproject.com/
term/brain/55630/

　まずは右脳です。創造性、想像力、直観、芸術、音感、感情、視覚化。いい感じですね！　それでは左脳はというと論理、分析、秩序、数学、事実、言語、計算。退屈な響きです。それが問題です。これらの特徴は非常に偏っています。左脳派だと言われた途端にどちらかに偏った人格だとレッテルを貼られてしまうのです。

　1987年の時点でこれは誤った考えであると証明されました。しかし、25年たった今なおこの伝説は流布し続けています。以下は1987年に発行された論文＊の一文です。

　「本稿では人間の左右二つの脳の機能を比較した研究を見直し、その働きの違いを再調査した研究から半球神話が間違ったものであると立証されました。」

＊ https://www.jstor.org/stable/258066

繰り返し言わせてください。半球神話は間違った憶測なのです。

脳の左右の違いが人のふるまいに影響するという根拠はありません。まさに神話であり、間違った憶測です。開発者は右脳派ではないのと同様にデザイナーは左脳派ではないのです。くだらない理論を用いて人を職能に当てはめることは良くても見当違い、最悪の場合は弊害になりえます。このような馬鹿げた話を広めるのはもうやめましょう。

心理学の嘘 #4：マイヤーズとブリッグズの性格診断テスト

性格診断テスト*は多くの人の関心を集めています。提唱者のマイヤーズとブリッグズは自分自身や仲間を理解するのにこのテストが役立つと約束しており、組織のマネージャーがメンバーの配属を決定する際によく用いています。このテストは人を4つの指標で2つの気質に分け、適合するタイプに分類します。

Extroverted (Expressive) 外向型（表現豊か）	Introverted (Reserved) 内向型（寡黙）
Sensing (Observant) 現実型（注意深い）	Intuitive (Introspective) 直感型（内省的）
Thinking (Tough-Minded) 思考型（意思が強い）	Feeling (Friendly) 感情型（友好的）
Judging (Scheduling) 判断型（計画的）	Perceiving (Probing) 知覚型（探索的）

テストの結果は記号で出てきます。例えば外向型＋現実型＋感情型＋判断型（Extroverted Sensing Feeling Judging）はESFJで、あなたの理解やコミュニケーションの方法を示します。

---

* 訳注：MBTIや16Personalitiesとも呼ばれます。

■ 性格診断テストの欠点とは？

みんな「スター・ウォーズ」のキャラクター診断や、チーズの種類に自分をあてはめるようなエセ心理テストが大好きです。バズフィード＊は記事にクイズ形式を取り入れて人気を博しています。

Q. 性格診断テストとバズフィードに共通点は？

A. どちらも科学的根拠は一つもありません。

このテストは1940年代にマイヤーズとブリッグズによって開発されましたが、二人のいずれも学術研究者としての経歴を持っていません。彼らは正確な知識が無いままカール・ユングの心理学理論を基にこのテストを開発しました。

一番の問題は人を2種類のタイプに分類していることです。外向的か内向的か、思考型か感情型か、人間の行動は両極端に分かれるものではありません。私は寝起きはおとなしく内向的ですが、珈琲を3杯も飲めば外向的な人間になります。

UXを生業とするものとして、私は思考型にも感情型にもならなくてはいけません。人の性格は常に一定とは限りません。つじつまの合わない矛盾した存在なのです。ガーディアン紙＊＊の記事が的確に言い表しているので引用します。

「このテストが最悪なのは、マイヤーズ・ブリッグズ協会が、就職時の適正テストとして宣伝/販売していることです。これをもとに給与やボーナスを査定したり、採用や解雇に用いる会社もあります。にもかかわらず科学的根拠は何もない代物なのです。つまり宗教に似て危険だと言えます。（新興宗教のサイエントロジーは、会員の勧誘に無料心理テストを利用して成功を遂げています）」

はっきり言って性格診断テストと比べたら、指の長さの違いの方がむ

＊　バズフィード
　　SNS拡散力の高い記事広告で収益を上げるウェブメディア。
＊＊　ガーディアン紙
　　イギリスの大手新聞。

しろ人の性格を診るには適していると言わざるを得ません。指の長さで性格が違う！？　そんなわけないと思いますよね。人を理解するためにこの診断テストは全く使えない代物なので、捨ててしまいましょう。

■ イカサマ科学にNO！

まとめると、心理学理論をデザインやユーザーに用いる時は疑うことを忘れないでください。私はハン・ソロ*＋カマンベール＋外向型＋直感型＋思考型＋判断型です。ほら、なんかおかしいでしょう？

心理学理論の評価方法やデザイン、UXへの応用について詳しく知りたい方は、私のワークショップへお越しください。その他の情報はメーリングリスト**に登録すると受け取れます。

それから

加えて、私のPsychologyForDesigners.com*** にはデザイナー向けに心理学に関する情報がまだまだたくさん掲載されています。こちらもぜひご参照ください。

---

*　　ハン・ソロ
　　　アメリカの映画「スター・ウォーズ」のキャラクター。少しあらくれ者のキャラクター設定になっています。
**　https://mrjoe.uk/workshops/psychology-design-ux-workshop/
　　　2016年時点
*** http://psychologyfordesigners.com/　2016年時点

翻訳者あとがき ―UXとUIを学ぶための大局を眺める

　2013年頃、最初にノーマン・ニールセンのトレーニングを受けた際に、認知心理学がUIの構成において重要な要素であることに気付きました。それから興味をもち、闇雲ではありますが、その分野を読み漁り、学習してきました。

　皆さんも、認知心理学の書籍を一つは読んだことがあるかもしれません。

　その後、認知心理学以外にもダニエル・カーネマンの行動経済学や人類社会学など、UXを学ぶ上でさまざまな学問を学びましたが、それらの関係性については明確に理解というより意識すらしていませんでした。自分の目の前のことだけを見ていただけでした。

　この本を通じて、認知心理学を中心に周辺の学問が存在することを知り、その関係性を整理することができました。

　時としてヒトは何かに集中していると、良くも悪くもその周りの全体像について視点がいかなくなることがあります。そんな時に、一歩ひいて大局を眺めることは、進むべき方向を考える上で非常に重要な局面になります。

　UXやUIに関連する他の書籍に出会った際には、ぜひこの本を参照して全体像を再確認してみてください。知識として何が足りず、何を学習すべきかを考えることができると思います。

　この書籍をいつでも読めるように、皆さんの近くにいつも置いてもらえたら幸いです。

　最後に。長い間の日本語版出版の頓挫により、原著者のJoeさんには多大なご迷惑をおかけしました。しかし、マイナビ出版の角竹氏のご支援により、この書籍を完成させることができました。角竹氏には心から感謝しています。

　また、何度も繰り返し読みやすさを追求してくださった水野直氏にも心から深く感謝いたします。

2023年7月
菊池聡

Index

Profile

著者

Joe Leech（ジョー・リーチ）

製品戦略およびUXコンサルタント。

大学卒業後、小学校で教師を数年勤めた後、ヒューマン コンピュータ インタラクションの修士号を取得。
製品戦略とUXのコンサルタントとしてのキャリアをスタート。
心理学とデザインに関する執筆、講演、ワークショップの運営を定期的に行っている。

Profile

監訳者

UX DAYS TOKYO

2015年から開催されているUXのカンファレンス＆ワークショップ。

UXの知識は欧米から多くを学びますが、日本導入までにタイムラグが発生したり、UXの捉え方が本質と異なってしまうことがあります。そんな残念な思考にならないために、本質を捉えられる情報をカンファレンスおよびワークショップという形で提供。また、海外の有益なUX関連の書籍や情報リソースも翻訳し、日本に紹介しています。

https://uxdaystokyo.com/

Profile

翻訳者

菊池 聡（きくち　さとし）

UX DAYS TOKYO 主催、Web Directions East 合同会社 代表

日本初のニールセン・ノーマングループ UXCM インタラクションデザイン
スペシャリストの資格取得者。IXDF.org などインターナショナルな団体の会
員であり、Scrum.org のメンバーで日本企業への開発支援、コンサルを行っ
ている。
著書に『レスポンシブ Web デザイン マルチデバイス時代のコンセプトとテ
クニック』（KADOKAWA）など。
ハーバード大学 MBA のプロダクトマネジメントコースの教授が作成した
Product Institute Japan も運営。

水野 直（みずの すぐる）

デジタルプロダクトデザイナー兼パーソナルコーチ

同志社大学経済学部卒　在学中にデザイナーとしてスタートアップ 2 社で活
動したのち、ヤフー株式会社にデザイナーとして新卒入社し、データソ
リューション事業に従事。データ利活用の社内ツールや、BtoB のビックデー
タ可視化ツールの UI デザイン、デザインシステムの開発を担当。人の可能性
を信じるコーチングの技に出会い、2020 年 10 月に独立。

STAFF

翻訳：菊池 聡、水野 直
監訳：UX DAYS TOKYO
ブックデザイン：霜崎 綾子
DTP：中嶋 かをり
編集：角竹 輝紀、藤島 璃奈

デザイナーのための心理学

2023年8月14日 初版第1刷発行

著者　　　Joe Leech
翻訳　　　菊池 聡、水野 直
監訳　　　UX DAYS TOKYO
発行者　　角竹 輝紀
発行所　　株式会社マイナビ出版
　　　　　〒101-0003　東京都千代田区一ツ橋2-6-3 一ツ橋ビル 2F
　　　　　TEL：0480-38-6872（注文専用ダイヤル）
　　　　　TEL：03-3556-2731（販売）
　　　　　TEL：03-3556-2736（編集）
　　　　　編集問い合わせ先：pc-books@mynavi.jp
　　　　　URL：https://book.mynavi.jp

印刷・製本　株式会社ルナテック

Printed in Japan
ISBN978-4-8399-8370-3